ARBORICULTURE.

FORMATION DES ARBRES FRUITIERS

PAR

L'ARCURE

Système **F. SIMON**,

Chevalier de la Légion d'honneur, ex-artiste du grand Opéra Impérial, membre correspondant de la Société d'Horticulture de Coulommiers.

DÉDIÉ A MES HONORABLES PROFESSEURS ET AMIS,

MM. LEPÈRE, HARDY père et fils

Chevaliers de la Légion d'honneur.

CRÉCY-EN-BRIE (Seine-et-Marne).

Prix : 50 centimes.

MEAUX

IMPRIMERIE JULES CARRO

1867

ARBORICULTURE.

FORMATION DES ARBRES FRUITIERS

PAR

L'ARCURE

Système **F. SIMON**,

Chevalier de la Légion d'honneur, ex-artiste du grand Opéra Impérial,
membre correspondant de la Société d'Horticulture de Coulommiers.

DÉDIÉ A MES HONORABLES PROFESSEURS ET AMIS,

MM. LEPÈRE, HARDY père et fils

Chevaliers de la Légion d'honneur.

Crécy-en-Brie (Seine-et-Marne).

MEAUX

IMPRIMERIE JULES CARRO

1867

FORMATION DES ARBRES FRUITIERS

PAR

L'ARCURE

Système F. SIMON.

N'ayant jamais écrit, ce n'est qu'à la sollicitation réitérée de beaucoup de personnes qui s'intéressent à l'arboriculture, et aussi en raison de la circonstance de l'exposition universelle que je me décide à le faire, je resterai heureux si je puis être utile au progrès. (1).

Les résultats satisfaisants dus à ma méthode, essayée dans ses nombreuses combinaisons, et en toutes formes (comme école usitée ou de fantaisie), m'a valu le flatteur avantage d'être appelé à en propager, avec un constant succès, les principes et l'application dans beaucoup d'importantes propriétés, et notamment chez M. Alexis Lepère, dans ses cultures de Montreuil, au potager impérial de Versailles (directeur, M. Hardy), où plus de 200 mètres de murs sont couverts, dans chacune de ces exploitations, de magnifiques espaliers, selon mon système. Grâce à de tels encouragements, et fortifié surtout par mes honorables maîtres et amis, MM. Thouin (jeune), Lepère et Hardy, qui n'ont pas cessé de me témoigner toute leur sympathie pour mes travaux et les progrès que mes idées avaient fait faire à l'arboriculture, j'ai dû persister à développer ma méthode, dont les avantages sont devenus, de jour en jour, plus évidents que jamais. Aujourd'hui, de l'aveu de M. Lepère, de nos grands professeurs et con-

(1) Je ne prétends nullement exclure la taille, pour former les arbres, toutes mes combinaisons pouvant être également exécutées par ce mode; seulement j'arrive plus vite à former un arbre par mon système; à ce sujet voir l'article Cordons solidaires, page, nº 27.

naisseurs, son pêcher carré en losanges, que j'ai tracé, il y a dix ans, est un des plus beaux arbres de ses cultures; chaque année, il porte 700 à 800 fruits, et mesure 80 mètres de charpente. Il a 11 mètres d'envergure.

C'est en 1842 que me vint l'idée de former les arbres par l'*arcure*, à la suite des cours d'arboriculture de MM. Hardy, au Luxembourg, et Thouin (jeune), au Conservatoire des Arts et Métiers, que je suivais avec charme et passion. Un jour, M. Hardy, après une question qu'un de nous lui faisait pour savoir quel était le meilleur moyen à employer, pour mettre à fruits les arbres rétifs et trop vigoureux ne poussant qu'à bois, « un excellent moyen, dit-il, qui réussit bien, c'est d'arquer les rameaux, » ce dont je pris bonne note.

A l'une des suivantes leçons, il nous fit observer qu'il fallait toujours agir avec beaucoup de précaution, lorsque l'on prenait les branches verticales sur les pêchers, pour les disposer en V ouvert, soit à la *d'Albret*, à la *Montreuil* ou en *carré*, et avoir grand soin de ne pas aller trop vite, c'est-à-dire ne prendre que deux branches par année (une de chaque côté), de tailler court à moitié de la pousse de ces bourgeons, car ces branches, étant droites et presque perpendiculaires, attireraient vers elles trop de sève, et finiraient par tuer les branches du dehors qui se trouvent en dessous et presque horizontales, ce dont on n'avait trop d'exemples, malgré toutes les précautions prises.

Après avoir suivi ces cours, rentré chez moi, livré à moi-même, devant de vieux arbres, ne sachant encore ce que c'était qu'un jardin à conduire, malgré tout ce que j'avais vu, appris et retenu des leçons de nos célèbres professeurs, je restai embarrassé et hésitai dans mes premières opérations.

La presque totalité de mes arbres était dans les conditions des arbres en V ouvert, les branches inférieures en partie mortes, ou presque dénudées de leurs coursonnes, c'est alors que me revint à l'idée ce que M. Hardy avait indiqué dans son cours, que, pour mettre les arbres à fruit, il fallait arquer les bourgeons; par cette opération, on empêche la sève de se porter en abondance vers les extrémités (surtout dans les bourgeons verticaux), et par conséquent, on la refoule dans les organes fructifères.

Appréciant alors toute l'importance de *cette opération*, et réfléchissant à tout le parti qu'on en pouvait tirer, je songeai à utiliser ce moyen, qui me paraissait être infaillible. Donc, pénétré de son efficacité, je le mis en pratique; *mais ici, pour former la charpente des arbres fruitiers, en arquant les branches*, afin de comprimer et faire refluer, dans les branches charpentières inférieures, la surabondance de sève qu'absorbent toujours *les verticales* aux dépens des horizontales.

A cette époque, déjà, je remarquai que l'on pouvait, vu le refoulement de la sève, par mon système, se dispenser de tailler les prolongements destinés à faire les branches charpentières, ce qui permettait, par conséquent, de former et parfaire un arbre en beaucoup moins de temps. Il est de fait aujourd'hui, que par les trois moyens connus : l'Arcure, la Taille et le Pinçage (ce dernier, bien combiné et rationnellement pratiqué), on établit un arbre beaucoup mieux et en moins d'années qu'autrefois.

C'est vers la fin de 1842, que je combinai et fis un dessin de mon arbre (pêcher, carré *en losange*, de là est parti tout mon système). Je fis un dessin, dis-je, de mon arbre et fus le soumettre à M. Hardy père, qui l'examina longtemps avec attention, et finit par me dire: «c'est bon, c'est très-bon, il faut mettre cela à exécution.» Chez moi, existe un pareil arbre que j'ai planté en 1845, il a donc aujourd'hui 22 ans, il mesure 8 mètres d'envergure, et me donne, chaque année, trois à quatre cents fruits.

Encouragé par mes éminents professeurs, MM. Hardy et Thouin, j'avais également soumis à ce dernier mon dessin, il l'approuva et me dit : « Allons, M. Simon, à l'œuvre, nous verrons cela, je trouve votre idée et vos combinaisons parfaites, » mais la mort, trop promptement, vint nous priver de ce distingué et savant horticulteur.

C'est alors que mes idées me poussèrent au progrès, surtout à partir de la fin de 1844, époque à laquelle je fis la connaissance de M. Lepère, qui, déjà, entendait parler de mes nouvelles idées sur ma manière de diriger les arbres. Il voulut me connaître et vint donc me surprendre un jour. Je ne l'avais jamais vu et ne le connaissais que de nom, il se trouvait en compagnie de cinq ou six personnes; après avoir examiné avec attention mon travail, il me fit deux ou trois questions, la dernière surtout ne me laissa plus de doutes : « Vous êtes M. Lepère, lui dis-je avec assurance.—Qui vous a dit cela?—Vos questions, vos observations, que personne ne m'a encore faites. » Depuis, nous sommes toujours restés en d'intimes relations.

L'établissement de M. Lepère est, sans contredit, sans pareil au monde, et en le visitant, on peut voir que mes idées et mes combinaisons y ont été admises et exécutées avec plein succès; il est, certes, très-flatteur pour moi, qu'un homme de mérite, comme M. Lepère, ait accepté mon système et m'ait laissé tracer sur ses murs, depuis 22 ans, plus de 200 mètres de toutes mes formes diverses.

En 1860, je dis à M. Lepère, je vais vous tracer une série d'arbres, et veux que dans cinq ans, l'on vienne en procession voir vos cultures. Je traçai donc : la croix de la Légion d'honneur, le Prince Impérial, le nom de Lepère, l'Impératrice Eugénie, les deux candélabres, l'un en losange, l'autre serpentin, de chaque côté de la croix, les obliques en degrés, les losanges à deux membres sur un seul arbre, etc., etc. — Le tout fut exécuté et réalisé, comme je l'avais prévu.

On peut également voir le résultat de mes combinaisons aux magnifiques cultures du potager impérial de Versailles, sous la direction de M. Hardy fils, lequel n'a cessé, depuis 1842, époque à laquelle nous avons commencé ensemble l'arboriculture, d'entretenir une correspondance des plus intimes, me félicitant toujours sur ma méthode qu'il mit de suite à exécution.

Dans beaucoup d'autres grandes propriétés particulières, mon système est mis en pratique, soit que j'y aille tracer moi-même les sujets, ou que je sois copié par d'habiles praticiens, contents de pouvoir mettre à exécution mes idées.

Dans un de ses cours à Coulommiers, en 1865, M. Rivière, en préconisant avec toute sa lucidité, et expliquant mon système, a démontré et fait comprendre toute l'importance et le mérite de l'inclinaison (l'Arcure), pour conduire et former les arbres fruitiers, soit en espaliers, contre-espaliers, ou en pyramides, etc. M. Rivière a terminé ainsi : « ce moyen est très-bon, réussit parfaitement, et doit être employé pour former les arbres fruitiers, étant un puissant auxiliaire à la taille et au pincement, pour arriver plus facilement et plus promptement à ce but. »

Je dois ici relater un fait dont je garde toujours bon souvenir.

En 1865, M. Lepère me dit : « M. Rivière vient demain, mercredi, avec tous ses élèves, je tiens à ce que vous soyez là. » Je dus rester. Avec M. Rivière, vinrent plus de trois cents de ses élèves ; au milieu du cours qui fut fait par ces deux éminents professeurs, ils m'invitèrent à prendre la parole pour expliquer mon système sur ma manière de diriger tous les beaux spécimens d'arbres, que nous avions sous les yeux, admirablement exécutés par notre grand maître; et en même temps, donner un aperçu de l'efficacité de mon *papier horticole.* Je terminai, en réponse aux remercîments louangeux que m'adressait M. Lepère, en le montrant de la main. « Mon Dieu, mesdames et messieurs, si j'ai pu luire un instant, je l'ai fait comme la lune éclairée par le soleil. »

En diverses circonstances, j'ai reçu de MM. Lepère, Hardy, Georges et Alix, etc., de nombreuses lettres, toutes des plus flatteuses, entr'autres une du **6 août 1855**, au sujet du *Napoléon.*

Montreuil, le **6** *août* **1855.**

Mon cher M. Simon,

Je vous écris pour vous témoigner tout mon contentement du *Napoléon*, je l'ai fini de palisser hier matin, il est aujourd'hui dans un état admirable, ne laissant rien à désirer ; nous avons eu des visiteurs qui se sont trouvés surpris de voir un tableau aussi régulier; enfin, il faut le voir pour le croire. Je vais à Paris pour m'occuper de le faire photographier. Signé : LEPÈRE.

Quelques jours après, il me fit présent d'une photographie de ce magnifique arbre avec cette dédicace :

Témoignage de ma reconnaissance et de ma sincère affection. LEPÈRE.

Par une autre du même, en date du 30 août 1855 :

Mon cher M. Simon,

Le pêcher Napoléon, en ce moment, est magnifique surtout avec ses fruits qui commencent à mûrir. Comme auteur de ce bel arbre, je désirerais bien que vous vinssiez lui rendre une petite visite, afin de vous rendre hommage et vous faire goûter de ses produits.

Je suis, etc. LEPÈRE.

Une autre de M. Hardy :

Versailles, le 19 avril 1861.

. . . .

J'ai reçu avec plaisir les dessins de votre méthode que vous m'aviez déjà indiquée, et je suis heureux de les avoir sous les yeux. Il n'y a qu'à gagner à suivre vos inspirations qui, toutes, outre la beauté de la forme, ont le cachet d'une pratique éclairée. Je ne doute pas que votre méthode ne soit dignement appréciée par les véritables amateurs.

Vos formes vont bien, et grâce à vous, nous aurons ici une diversité de dessins capables d'attirer les regards et l'attention des plus indifférents, ce qui peut contribuer aux progrès de l'arboriculture.

Signé : Hardy.

Dans une autre de M. Lepère, du 20 mai 1861 :

Mon cher M. Simon,

..... J'ai bien besoin de vous dans ce moment-ci, pour la forme du pêcher *Napoléon IV*.

Lepère.

Dans une autre de M. Alix, professeur à Nancy, 10 décembre 1861 :

M. Simon,

J'ai attendu que le tracé de mon mur soit terminé pour vous adresser mes remercîments et la reconnaissance que je vous dois à cet égard.

Je savais trouver en vous l'obligeance et la promptitude avec lesquelles vous aimez si bien à rendre service. Votre dessin est d'un effet vraiment admirable, il fait déjà l'admiration des curieux, on y remarque les lettres B et R jetées avec tant d'art et de précision, l'ensemble est d'une beauté parfaite.

Du reste, c'est à vous, M. Simon, à qui nous devons tous, petits comme grands, ces genres de tracés si merveilleux et si utiles pour l'emploi de la sève. Un amateur de ce pays me demandait où j'eus l'idée de faire ce dessin? Si c'était au potager de Versailles, où il en avait vu à peu près de semblables? En lui montrant le haut de mon mur, je lui dis : au potager de Versailles, comme ici, on doit lire cette inscription (système de F. Simon, de Crécy-en-Brie), l'amateur comprit alors combien vous aviez de zèle pour l'arboriculture et s'extasia de regarder.

Je vais cet hiver dans les Vosges tracer un mur de 100 mètres de long, en zig-zag, forme qui a le mieux convenu à l'amateur, après lui avoir montré vos genres. Dans quelques années, je ne travaillerai que sur les murs en plâtre, dans un pays où on n'avait jamais vu de plâtre après les murs d'un jardin.

Monsieur, je finis en vous présentant mes respects et ceux de M. Rensatler.

Votre tout dévoué serviteur reconnaissant,

Alix.

Dans une autre de M. Lepère, 24 février 1862 :

Mon cher M. Simon,

Si votre temps vous permettait de venir mercredi prochain à mon jardin, vous me feriez grand plaisir. Nous taillerions nos arbres de fantaisie ensemble, car votre présence est indispensable, etc.

Lepère.

Je lui répondis que je ne pouvais me rendre le jour qu'il me donnait, mais que j'y serais le samedi. Il m'écrivit alors :

Le 27 *février* 1862.

Mon cher M. Simon,

Je suis bien fâché de ne pouvoir vous recevoir samedi prochain, je dois aller avec un amateur à la Varenne Saint-Maur, ainsi, je vous prie, si c'est possible, de venir mercredi prochain 5 mars, afin que vos bonnes leçons servent aux personnes qui viendront pour suivre mon cours, etc.

LEPÈRE.

Dans une autre du 30 janvier 1864, parlant de la Brie:

On ne peut que féliciter un pays où vous avez rendu tant de services à l'arboriculture ; aussi je ne cesse de dire à tous les amateurs que c'est à vous que l'on doit tous les beaux dessins existants et le perfectionnement de la branche à fruits, etc., etc.

LEPÈRE.

Une autre de M. Lepère du 13 mai 1864 :

Mon cher M. Simon,

Je vous envoie les dessins et c'est toujours en vous remerciant, car tout ce que vous m'avez tracé fait l'admiration des amateurs aujourd'hui. Rien ne m'a échoué; la croix est finie et on ne peut en trouver de plus régulière ; j'ai appris que vous les mettriez au concours de Melun; comme c'est un département où il y a beaucoup d'arboriculteurs, je pense qu'ils sauront les apprécier et que l'on vous accordera une récompense si justement méritée.

LEPÈRE.

Dans une de M. Hardy :

Versailles, 21 *mars* 1864.

Mon cher M. Simon,

Votre nouveau système de pêchers en cordons-solidaires me paraît très-bon ; et, si je l'avais reçu plus tôt, j'aurais planté de manière à le commencer cette année.

Mais à coup sûr, lors de la prochaine plantation du mois de novembre, je m'arrangerai de façon à faire un bout de mur suivant ce système.

Je vous remercie d'avoir encore bien voulu songer à moi dans cette occasion. Vous savez que je reçois toujours avec un véritable bonheur toutes les combinaisons que vous inventez avec tant de succès. On retrouve dans vos productions l'habileté d'un praticien éclairé et consciencieux, qui depuis longtemps déjà à su se placer au premier rang parmi les arboriculteurs.

. . . .

Si vous avez quelques nouvelles combinaisons à nous faire connaître, ne craignez pas de nous les envoyer, nous tâcherons de les mettre à exécution. Veuillez agréer, M. Simon, l'assurance de ma sincère amitié et de mon entier dévouement. Signé : HARDY.

Une autre de M. Georges, professeur à Bordeaux, du 1er avril 1864.

Monsieur,

. . . .

Quant à votre plan de cordon-solidaire, je le considère comme parfait pour avoir un mur complétement garni en peu d'années de durée et une fructification abondante ; pour moi j'adopte cette forme, lorsque j'en aurai à planter pour moi l'année prochaine probablement, je promets d'en planter un bout de mur.

Sachant que vous vous occupez sérieusement d'arboriculture, je n'ai pas été surpris de recevoir cette idée de vous, par les preuves que j'avais de vous de divers dessins vraiment dignes d'intérêt, surtout celui qui a fait le tour du monde, le *Napoléon*.

Votre tout dévoué serviteur et ami,

GEORGES.

Une de M. Lepère :

Montreuil, 19 *juin* 1865.

Mon cher M. Simon,

C'est avec un grand plaisir que j'ai appris vos succès à l'exposition de Coulommiers, mais enfin ils sont toujours justement mérités. Je pense que vous viendrez avec votre tableau à l'exposition de Paris, et que cela nous donnera une occasion de vous voir, car j'ai bien besoin de vous dans mon jardin pour différentes choses.

Votre ami bien dévoué,

LEPÈRE.

Une autre de M. Lepère :

Montreuil, 6 *juillet* 1865.

Mon cher M. Simon,

Si vous saviez combien les jardiniers et amateurs ont été contrariés que le jury n'ait pas apprécié votre tableau et en même temps les services que vous avez rendus à l'arboriculture.

Mais nous nous sommes réunis à plusieurs praticiens et des bons jardiniers, et nous allons sous peu vous prier d'accepter une récompense que vous avez si justement méritée.

En attendant le plaisir de vous serrer la main, je suis votre tout dévoué et ami,

LEPÈRE.

En somme, je m'estime heureux et satisfait, puisque je suis titulaire de 7 médailles de premier ordre, dont une d'honneur en vermeil grand module, qui me fut décernée le 14 octobre 1865, pour les services rendus et les progrès que j'avais fait faire à l'arboriculture ; elle m'a été remise par une députation de nos grands maîtres venus eux-mêmes tout exprès à Crécy, pour m'offrir cette médaille, au nom de leurs nombreux collègues et amateurs, comme hommages et remercîments. Cette députation était composée de MM. Lepère, Malot, Pigny, Chevrau, Lemaignen, Hardy fils qui, empêché par un service imprévu, venait, par une lettre affectueuse, me témoigner tous ses regrets de ne pouvoir se joindre à ses collègues. Deux pièces revêtues de ces signatures m'ont été remises, l'une avec la médaille, l'autre m'a été lue par M. Malot.

Voici le compte-rendu de cette réunion qui pour moi fut des plus honorables.

Extrait du journal de *Seine-et-Marne,* de Meaux, du 21 octobre 1865.

Le 15 octobre 1865, plusieurs membres de la Société impériale et centrale d'horticulture, M. Lepère, chevalier de la Légion d'honneur ; M. Malot, chevalier de la Légion d'honneur, horticulteur à Montreuil ; M. Pigny, chef de culture du château de Boispréau, à Rueil ; M. Chevrau, arboriculteur ; M. Lemaignen, fabricant d'outils d'arboriculture, etc., etc., arrivaient par la voiture de deux heures et demie dans la petite ville de Crécy, l'un des charmants séjours de la vallée du Morin. Quel hasard, ou quel motif pouvait amener parmi nous la fleur de l'arboriculture? Elle venait tout simplement voir un confrère, un camarade, un ami, M. F. Simon, chevalier de la Légion d'honneur, ex-artiste du Grand-Opéra impérial, et lui apporter une médaille d'honneur, bien méritée par lui, pour ses longs travaux et les progrès qu'il a fait faire à l'arboriculture. A cette récompense des plus honorables, était joint le compliment le plus flatteur, où l'on sentait l'expression de la sincère vérité s'unir au bonheur de rendre ce qui était dû. Un dîner de famille réunissait à la même table ces travailleurs intelligents, tout-à-fait hors ligne, et plusieurs honorables invités.

La sympathie la plus cordiale ne cessa de régner parmi toutes ces personnes si bien faites pour se comprendre : des toasts divers et surtout dans l'intérêt du progrès en général, ont été portés, un entr'autres, à M. Hardy, absent par impossibilité, mais qui, dans une lettre, exprimait à M. Simon et à ces Messieurs tous ses regrets de ne pouvoir s'associer que de cœur à cette véritable fête.

On sait que M. Hardy, chevalier de la Légion d'honneur, est directeur du potager impérial de Versailles.

M. F. Simon, ainsi que sa famille, sont fiers avec juste raison de la récompense que les maîtres de l'arboriculture viennent de lui décerner.

Voici la teneur de l'écrit joint à la médaille :

« Nous, arboriculteurs et jardiniers soussignés, voulant
» témoigner notre reconnaissance à M. F. Simon, pour
» les services qu'il a rendus à l'arboriculture par ses le-
» çons et les dessins de ses arbres, le prions de vouloir
» bien accepter cette médaille, modeste tribut de grati-
» tude offert par ceux qu'il a initiés aux secrets d'un art
» dans lequel il excelle.

» Signé : Lepère, Malot, Pigny, Hardy,
» Chevrau, Lemaignen.

» Montreuil, le 14 octobre 1865. »

Puis au dessert, M. Malot, prenant la parole, a lu la pièce suivante :

Monsieur,

Depuis longtemps, un grand nombre de sociétés d'horticulture ont vu et admiré les beaux et nombreux dessins que vous avez exposés, sur la manière de diriger les arbres fruitiers.

Les belles et nouvelles formes, que vous avez imaginées plus particulièrement pour le pêcher, ont obtenu plein succès. Ces grandes, ces jolies et gracieuses formes que vous avez tracées sur les murs des jardins fruitiers sont aujourd'hui, par de beaux espaliers, parfaitement imitées. Ils font non-seulement l'admiration des amateurs, mais aussi celle des connaisseurs.

En applaudissant d'abord le travail des habiles praticiens qui ont suivi vos avis et vos conseils, on ne peut s'empêcher, Monsieur, de reconnaître que tout le mérite et les éloges vous sont dus ; car c'est vous, Monsieur, qui avez encouragé et commencé ce beau travail qui, sans vous, sans vos visites assidues, n'aurait probablement pas réussi.

Nous venons donc au nom de nos nombreux collègues vous remercier et vous témoigner, Monsieur, toute notre reconnaissance pour les progrès que vous avez fait faire dans la conduite des arbres fruitiers, et vous prions de vouloir bien nous faire l'honneur d'accepter cette médaille qui attestera, par la suite, les grands et nombreux services que vous avez rendus à l'arboriculture.

Crécy, 15 octobre 1865.

Signé par Messieurs :

Hardy, chevalier de la Légion d'honneur, directeur du potager impérial de Versailles.

Lepère, chevalier de la Légion d'honneur.

Malot, chevalier de la Légion d'honneur, horticulteur à Montreuil.

Chevrau, horticulteur à Montreuil, membre de la Société impériale d'horticulture.

Lemaignen, fabricant d'outils d'arboriculture, membre de la Société impériale d'horticulture.

Pigny, chef des cultures du château de Boispréau, à Rueil (Seine-et-Oise), membre de la Société impériale d'horticulture.

Nota. — Ces deux pièces furent signées plus tard par

M. Hardy père, chevalier de la Légion d'honneur, et par M. Rivière, jardinier en chef du Palais impérial du Luxembourg.

Peu de temps après le fait que je viens de relater, une commission fut nommée par la Société d'Horticulture Impériale de Paris, pour aller visiter à Montreuil les cultures de M. Lepère.

Tous les membres restèrent unanimes pour admirer cette magnifique culture et complimenter l'éminent praticien, et l'un d'eux dit à M. Lepère : « allons, allons, tu seras toujours le grand maître. » Un de ces Messieurs fut désigné pour faire un rapport sur ce qu'il venait de voir. Ce rapport fut des plus élogieux pour M. Lepère, mais aussi des plus flatteurs pour moi, quoiqu'un seul mot n'ait été dit à mon adresse. N'importe, d'après les trois ou quatre paragraphes contenus dans ce rapport, d'après ce que je relate ici, je dois aussi me regarder heureux et fier de ce rapport ; car il vient encore une fois de plus pour prouver que mes combinaisons et mes idées n'avaient pas fait fausse route.

« Si tout est beau chez M. Lepère, de cet ordre sévère et raisonné qui doit être la base de l'arboriculture pratique, notre habile collègue a montré qu'il peut se jouer de toutes les difficultés, et il a fait quelques chefs-d'œuvre de patience et de précision, qui sont l'attrait piquant de son jardin. Il a dessiné, avec les branches du Pêcher, une croix d'honneur, le chiffre de l'Empereur, de l'Impératrice, du Prince impérial, le nom d'Eugénie, celui de Lepère, dans des encadrements gracieusement variés. Ces résultats ne sont pas ceux auxquels les arboriculteurs sérieux attachent le plus de prix ; mais ils n'en sont pas moins une nouvelle preuve de l'habileté avec laquelle M. Lepère sait ployer les arbres, même à ses caprices.

» Entre les diverses formes d'espaliers qui nous ont

frappés, nous en avons surtout remarqué deux qui nous ont paru fort élégantes d'aspect.

» La première est une palmette simple, horizontale à la partie inférieure de l'arbre, mais se terminant vers le milieu par un V, entre les bras duquel s'élèvent des branches formant lignes droites brisées, qui se rapprochent par les angles externes, à la distance de quelques centimètres, de manière à figurer une réunion de carrés, de 0^m 50 cent. environ de côté. Le Pêcher soumis à cette forme, et qui est produit par une Grosse Mignonne hâtive, à l'exposition du levant, a une envergure de 12 mètres sur 3 mètres de hauteur; il porte, ce qui n'est pas son moindre mérite, 804 magnifiques pêches et fait un très-grand effet.

» La seconde forme est fournie par un arbre conduit sur deux bras horizontaux inférieurs, desquels partent des branches formant lignes brisées, et se rapprochant par les angles, comme il vient d'être dit ci-dessus. Ce pêcher n'est ainsi composé que de carrés sur toute sa surface, au lieu d'en avoir seulement dans le haut, comme le précédent. Nous n'avons pas rencontré de forme qui nous ait paru plus charmante et plus gracieuse; et le spécimen que nous avons admiré chez M. Lepère est un des beaux ornements de son jardin. »

MANIÈRE DE TRACER LES ARBRES SELON MON SYSTÈME. (1)

PÊCHER CARRÉ EN LOSANGE.

Sur un mur de trois mètres de haut, on prendra six

(1) Pour rendre mes explications plus compréhensibles, j'opère et compte, pour toutes les formes décrites ici, de gauche à droite, de bas en haut; et tous mes dessins sont faits à l'échelle de 0. 05 c. pour mètre.

branches horizontales, la première à 40 centimètres (n'importe quelle forme, on devra toujours établir la première branche à cette distance, sauf toutefois les losanges et les zigs-zags diagonaux). Je dis la première à 40 centimètres, les autres seront espacées à 47 centimètres, ce qui laissera entre la dernière branche et le chaperon, 25 centimètres. Si le mur était moins haut, on supprimerait une branche, on n'en prendrait alors que cinq, et au lieu de donner aux losanges 1 mètre de hauteur, on leur en donnerait moins. Ensuite, on tracera les deux lignes obliques en partant du milieu à 20 centimètres du sol et les dirigeant alors diagonalement de bas en haut, jusqu'à la sixième ligne; à 4 mètres du point du milieu on obtiendra un angle ouvert de 8 mètres (ceci fait, on effacera les lignes horizontales entre cet angle).

Pour tracer les losanges qui devront avoir 1 m. 60 c. de large et 1 mètre de haut, on devra compasser l'ouverture de l'angle qui a 8 mètres en cinq parties égales de 1 m. 60 c., puis ensuite compasser chacune des deux lignes diagonales également en cinq parties, qui auront elles-mêmes 95 centimètres; alors on tracera quatre lignes obliques de chaque côté, de point en point, de droite à gauche et de gauche à droite, qui se trouveront parallèles aux deux grandes qui forment le V, et vous obtiendrez les losanges. Le haut du dessin se trouvera alors terminé par cinq demi-losanges, dont les extrémités seront repliées l'une vers l'autre pour former l'encadrement et parfaire la sixième ligne horizontale à 25 centimètres du chaperon. Maintenant on tirera deux lignes aplomb, à 1 mètre de chaque côté de l'extrémité de l'angle : ce qui prolongera les six branches horizontales et donnera au dessin dix mètres de large. Ceci fait, on devra arrondir toutes les extrémités des losanges par une légère courbure de 6 centimètres, afin de laisser entre chaque angle un espace de douze centimètres.

MANIÈRE DE FORMER L'ARBRE.

L'arbre planté, il sera rabattu sur deux bons yeux de 20 à 25 centimètres du sol, qui feront les deux premières branches horizontales.

Vers le milieu de juin, lorsque les bourgeons auront de 30 à 50 centimètres (selon que la végétation les aura favorisés), on les arquera (c'est-à-dire courbé) sur la première ligne horizontale à la première bifurcation que forme la ligne oblique, en ayant soin que l'œil qui se trouvera le plus rapproché de ce point, soit en dessus ou amené ainsi par une légère torsion, ce bourgeon étant encore à l'état herbacé ; puis il sera fixé là, par deux loques, l'une au-dessous de l'œil sur la ligne oblique, l'autre au-dessus du même œil sur la ligne horizontale; cette dernière pour maintenir l'arcure.

Ce bourgeon, dont l'extrémité sera relevé pour favoriser la végétation, deviendra la première branche horizontale; l'œil qui se trouve sur la partie arquée prendra alors un grand développement et viendra former la continuation de la branche charpentière oblique.

Lorsque ce bourgeon oblique arrivera à la deuxième ligne, on opèrera à cette deuxième bifurcation comme à la première, et ainsi de suite jusqu'à la sixième, laquelle sera arquée, mais cette fois pour former la sixième branche, qu'on prolongera horizontalement à un mètre seulement. (A cette arcure, il devient inutile de s'occuper de l'œil de prolongement.)

On doit voir, par ceci, que toute la charpente de l'arbre

aura été faite sans un coup de serpette, *que toute la sève est utilisée* et *l'arbre formé beaucoup plus promptement.*

Pour former les losanges, rien de plus facile; on n'a qu'à suivre les lignes.

On devra les prendre lorsqu'on sera arrivé à la quatrième bifurcation, d'où part la quatrième branche horizontale. Entre les mains d'un praticien expérimenté, et l'arbre étant d'une belle végétation, on peut les prendre à la troisième bifurcation ou en plantant des pousse-sève à 1 mètre 50 centimètres à côté du principal sujet; je reviendrai plus tard sur le pousse-sève, qui est un excellent moyen pour former les arbres en peu de temps. (*Voir* l'article pousse-sève, page 34.)

Les premières branches losangères, à droite et à gauche, seront prises au point désigné, soit par un œil de pousse ou une coursonne de bonne constitution, ou même au besoin par une greffe herbacée; puis elles seront dirigées au fur et à mesure vers les points de centre d'abord, puis ensuite en suivant les lignes en zig-zags, jusqu'au faîte de l'arbre, et sans tailler; c'est ici encore que le sevrage des feuilles sur les bourgeons de prolongement, prenant souvent trop de développement, devient des plus efficace; cette opération est encore une de mes idées. Par ce moyen, en peu de temps, on ralentit considérablement la sève dans le bourgeon de prolongement, sans déranger ni nuire à la symétrie charpentière (*Voir* l'article Pousse-sève, page 34.) Arrivé au faîte de l'arbre, aux demi-losanges, on arquera l'extrémité horizontalement, à droite et à gauche, pour former l'encadrement et parfaire la sixième branche.

Les deux premières branches, arrivées chacune à une longueur de cinq mètres du sujet, devront être relevées par une légère courbure et rejoindre perpendiculairement la sixième branche; puis au fur et à mesure on greffera dessus toutes les branches horizontales.

En dix ans, on peut obtenir un tel arbre, et *plus de* 80 *mètres de charpente ; en employant les pousse-sève* qu'on planterait à 2 mètres du sujet, on ne mettrait *que huit ans.*

PORMATION DES ARBRES SUR UN SEUL SUJET.

PÊCHER SERPENTIN EN CARRÉ ET ARRONDI.

Manière de tracer : (Je suppose un mur de 3 mètres ; s'il avait moins, on diminuerait l'espace des branches horizontales.)

PÊCHER SERPENTIN EN CARRÉ.

On tracera les lignes horizontales au nombre de six, espacées à 47 centimètres l'une de l'autre.

Les arbres seront plantés à 1 mètre 47 centimètres de distance ; la branche n'aura que 1 mètre de parcours à chaque étage sur chaque ligne horizontale ; il restera donc 47 centimètres d'espace entre chaque arbre. Ces six lignes tracées, on tirera deux lignes aplomb, une partant du sol, au point où sera planté le premier arbre, et l'autre à 1 mètre de là, ne partant que de la première ligne horizontale ; puis on laissera un espace de 47 centimètres entre cette seconde ligne, et ainsi de suite pour les autres arbres. On remarquera que, par cette combinaison, toutes les lignes soit aplomb ou horizontales, se trouvent à 47 centimètres l'une de l'autre, afin que le palissage soit régulier. Maintenant, soit que l'on donne à la branche la direction de droite ou de gauche, ceci ne fait rien pour la formation de l'arbre, mais ici, pour la démonstration, je prendrai par la droite.

Les lignes une fois tracées à 1 mètre de distance de la ligne où est planté l'arbre, on en tracera une de 47 centimètres aplomb, en l'indiquant fortement, qui partira de la première ligne à la seconde horizontale; puis on reviendra à gauche en tracer une autre également de 47 centimètres aplomb, de la seconde à la troisième ligne horizontale; on répétera à droite ce tracé, de la troisième à la quatrième ligne horizontale, et ainsi de suite, jusqu'au faîte de la sixième ligne; on aura alors le serpentin en carré. Pour dernière opération, on devra arrondir par une ligne courbe de 6 centimètres les angles que forment les lignes de cette figure.

Par cette disposition en zig-zag, l'arbre se trouve avoir plus de 9 mètres, en moins de cinq années. Avec une bonne végétation, on doit couvrir un mur.

PÊCHER SERPENTIN ARRONDI.

On tracera six lignes horizontales comme précédemment; mais les arbres ici seront plantés à 1 mètre 40 centimètres seulement, à cause des parties arrondies qui rentrent légèrement l'une dans l'autre, ainsi que le dessin le démontrera. On tracera comme précédemment deux lignes aplomb; mais l'espace ici, entre la deuxième ligne et le second arbre, ne sera que de 40 centimètres; maintenant, au lieu d'une petite ligne aplomb de 47 centim. comme à la forme précédente, on prendra ici un compas (toujours en opérant par la droite), et on tracera un demi-cercle en plaçant la pointe agissante sur la seconde ligne aplomb, et l'autre pointe dormante à 22 centimètres et demi entre les première et deuxième horizontales, ce qui les rejoindra par ce demi-cercle; on agira ainsi à gauche sur la ligne aplomb de la plantation entre les deux secondes lignes horizontales jusqu'au faîte, et l'arbre en serpentin arrondi sera formé et aura à peu de chose près la même longueur.

Ce genre de forme fait très-bien en double, c'est-à-dire sur deux membres pris sur le même arbre, l'un dirigé à droite, l'autre à gauche ; mais il faudra laisser au milieu, pour la forme en carré, un espace de 47 centimètres : ce qui donnera à l'arbre 2 mètres 47 centimètres de large.

Pour l'autre forme arrondie, l'espace à observer au milieu ne devra être que de 40 centimètres.

PÊCHER EN ZIG-ZAG OBLIQUE SUR UN SEUL MEMBRE.

(Des poiriers ainsi conduits font très-bien, mais il faut les planter à 40 centimètres.)

Cette forme est également très-bonne pour retenir la sève, qui tente toujours à trop s'emporter.

MANIÈRE D'OPÉRER.

Il faut tracer six lignes horizontales.

La première (ici pour cette forme), à 25 centimètres du sol ; les cinq autres à 50 centimètres l'une de l'autre, ce qui placera la sixième à 25 centimètres du chaperon. Ceci fait, on tirera autant de lignes aplomb que l'on voudra planter d'arbres, en les espaçant à 80 centimètres l'une de l'autre ; puis, du point de rencontre de la première ligne aplomb avec la première ligne horizontale, à 25 centimètres du sol, on tirera une ligne diagonale à droite de ce point, à celui de rencontre de la deuxième ligne aplomb avec la deuxième ligne horizontale. Alors, de ce point, on tirera à gauche une autre diagonale, vers le point de rencontre de la première ligne aplomb et de la troisième horizontale, et ainsi de suite jusqu'au faîte. Arrivé à la sixième ligne sous chaperon, on courbera l'extrémité du bourgeon horizontalement vers la droite, et, lorsqu'il sera arrivé sur le suivant, on l'y greffera, en sorte que cela forme un seul cordon.

Avec cette forme, on peut faire un très-joli mur, et très-promptement, en dirigeant la moitié des arbres, c'est-à-dire la première ligne diagonale, à gauche, et l'autre moitié à droite. Supposons treize arbres plantés pour cette forme, tous à 80 centimètres l'un de l'autre; il faudrait alors que l'arbre du milieu soit conduit en losanges, sur deux membres : le côté droit suivrait le mouvement des arbres de droite, et le côté gauche celui des arbres de gauche. Le mur ainsi couvert est d'un bel effet.

Il ne faut pas omettre d'arrondir les angles par une courbure de 6 centimètres.

PÊCHER FORME DE LOSANGE, SUR UN SEUL MEMBRE.

Pour obtenir cette forme, on tracera six lignes horizontales, comme au précédent, mais les arbres seront plantés à 1 mètre 60 les uns des autres. Par exemple, pour planter six arbres, on tracera treize lignes aplomb, espacées chacune à 80 centimètres; les sept impaires ne seront prises qu'à partir de la première ligne horizontale, à 25 centimètres du sol, et aboutiront à la sixième.

Les six autres paires étant celles où l'on doit planter, partiront du sol. Ceci fait, on partira du point de rencontre des lignes de plantations paires, sur la ligne près du sol, à 25 centimètres, pour tracer les lignes diagonales à droite et à gauche, puis à gauche et à droite jusqu'à la sixième ligne du haut, ce qui, alors, formera un damier de losanges. On peut voir un bel exemple de cette forme chez M. Lepère, à Montreuil.

Ne pas oublier d'arrondir les angles par une courbure de 6 centimètres.

PÊCHERS OBLIQUES EN DEGRÉS.

Pour obtenir cette forme sur un seul membre, on devra

tracer sept lignes horizontales, la première à 40 centimètres du sol, et les autres espacées en trilles, à 45 centimètres. Les arbres seront plantés à 1 mètre 45 les uns des autres; puis, le bourgeon de chaque arbre qui formera la charpente sera, en le courbant légèrement à droite, prolongé sur la première ligne horizontale, à 80 centimètres; puis ensuite, relevé aplomb vers la deuxième ligne horizontale, sur laquelle il sera prolongé de nouveau à 80 centimètres; relevé de rechef sur la troisième ligne horizontale, et ainsi de suite jusqu'à la dernière ligne, à 30 centimètres du chaperon, ce qui formera l'*oblique en degrés*. Les autres arbres seront traités de même, en sorte qu'il existera entre toutes les lignes, soit horizontales ou aplomb, un intervalle de 45 centimètres.

Pour aller plus vite, on devra planter un arbre en dehors, et à 1 mètre à gauche du premier arbre de cette forme, qui sera conduit horizontalement à 80 centimètres du sol; puis, arrivé au premier arbre, son bourgeon sera dirigé perpendiculairement aplomb dudit premier arbre. De ce bourgeon, qui formera charpente, partiront toutes les branches, qui viendront remplir le vide laissé au-dessus du premier oblique en degrés.

Le dernier arbre devra être d'une espèce vigoureuse, pour terminer cette forme, et le bourgeon du bas de cet arbre, lorsqu'il sera arrivé au bout de la première ligne horizontale, sera relevé pour encadrer et parfaire cette forme.

(Voir les cultures de M. Lepère.)

PÊCHER CANDÉLABRE

En serpentins arrondis en losanges. — Cette forme fait très-bien.

(Pour obtenir ces formes, voir l'article : serpentins arrondis et losanges sur un seul membre.)

On disposera d'abord un arbre en candélabre, qui devra avoir 7 mètres 20 de large, 3 mètres 60 de chaque côté, et pour aller plus vite, on plantera alors des pousse-sève à 1 mètre 60 du sujet (l'arbre du milieu), que l'on greffera au-dessous de ses membres, en les inclinant vers les extrémités. Ceci fait, on prendra en dessus des branches quatre bons yeux ou coursonnes, disposés à peu près à l'emplacement *voulu*, pour prendre soit les losanges ou les serpentins. On peut voir ces beaux arbres de chaque côté de l'espalier de la Croix de la Légion d'honneur, aux cultures de M. Lepère.

PÊCHERS EN CORDONS SOLIDAIRES,

obtenus par l'Arcure et la Greffe.

Cette forme convient parfaitement pour poiriers en espalier et contre-espalier, en portant les cordons de 18 à 20 centimètres d'espace les uns des autres.

Rapport que fait le *Journal de Seine-et-Marne,* de Meaux, du 19 mars 1864, au sujet des Pêchers conduits en cordons solidaires.

Système F. Simon, à Crécy-en-Brie.

ESPALIER DE PÊCHERS, DITS CORDONS SOLIDAIRES.

« Grâce à cette nouvelle combinaison, le travail devient beaucoup plus facile et plus prompt; les angles et les croisements, dans cette charpente, sont supprimés, et le palissage se fait toujours dans le même sens. En quatre ans, un mur de trois mètres de haut peut être garni et couvert par sept cordons, dont la longueur est subordonnée à la quantité d'arbres que l'on plantera. On doit remarquer que les tiges ne sont qu'une succession de faux bourgeons, entièrement dénudés de coursonnes, et ce, pour donner plus de vigueur aux cordons, rendre le palissage plus facile et le travail plus prompt.

MANIÈRE D'OPÉRER.

1° Planter les pêchers à 1 mètre 50 l'un de l'autre, et espacer les cordons à 40 centimètres en partant du sol ; on obtiendra ainsi sept cordons pour un mur de 3 mètres, et le septième se trouvera à 20 centimètres du chaperon. Si le mur est un peu moins haut, 2 mètres 70 à 2 mètres 75 environ, on établira alors les cordons à 35 centimètres, ou à peu près, mais pas au-dessous. Le premier cordon devra toujours être établi à 40 centimètres du sol. Si le mur était encore moins élevé, il vaudrait mieux supprimer un cordon.

2° La première année, on ne prendra qu'une branche obtenue par la taille, que l'on devra pratiquer sur deux bons yeux; l'œil inférieur donnera la première branche, qui fera le premier cordon, et l'œil supérieur la continuation de la tige, que l'on disposera et conduira de manière à obtenir deux branches pour l'année suivante (deuxième et troisième cordons). Cette opération peut être traitée soit par la taille, le pincement ou l'*arcure* (courbure). Le praticien emploiera alternativement ces trois moyens, selon la nature de l'arbre, sa végétation, sa sève et la disposition des yeux.

3° Lorsque les branches arriveront vers le deuxième arbre, on devra examiner si leur extrémité est garnie de bons yeux; s'il en était autrement, il faudrait pratiquer une taille en vert sur un œil bien constitué; puis, au moment où le bourgeon, dont on passera l'extrémité derrière la tige du 2e pêcher, sera jugé assez fort, on le greffera en approche herbacée à la naissance de la branche, et en dessus de ce deuxième pêcher, et ainsi de suite. C'est là ce qui établit les cordons solidaires, *où tous les arbres viennent réciproquement répandre leur sève dans autant de conduits, qui leur donnent la solidarité.*

4° Une fois la branche greffée sur la suivante, le cordon se trouve établi. Alors, le palissage en sec se fait comme à l'ordinaire ; seulement, les coursonnes qui avoisineront les tiges seront passées par derrière. A cet effet on devra, à mesure que la tige s'élève, mettre un bouchon entre le mur et cette tige, afin d'éloigner celle-ci du mur de 15 millimètres environ. Le passage des coursonnes se trouvera ainsi facilité. »

Je dois faire observer ici que les tiges des arbres formant les cordons solidaires, et ceux des obliques solidaires (à l'article suivant), par suite de l'arcure, ne sont établies que par *une succession* de faux bourgeons, ce qui oblige la sève à se porter avec plus de vigueur dans les branches horizontales. Au surplus, c'est la base de mon système, toutes les charpentes de mes arbres étant établies ainsi.

PÊCHERS OBLIQUES SOLIDAIRES,

obtenus par l'Arcure et la Greffe.

MANIÈRE D'OPÉRER POUR TRACER.

On devra tracer cinq lignes horizontales, la première à 40 centimètres du sol, et les quatre autres à 60 centimètres de distance l'une de l'autre ; la dernière ligne se trouvera à 20 centimètres du chaperon.

Les arbres seront plantés à 80 centimètres l'un de l'autre ; puis, alors, à partir des points où sont plantés les arbres, en partant de la première ligne horizontale, on tracera des lignes diagonales (au carré) par 45 degrés. Voici comme on procédera pour avoir cette forme :

Une fois les arbres plantés, on les taillera à 35 centimètres environ, sur deux bons yeux; l'œil du dessus sera utilisé pour faire l'oblique, et l'œil du dessous servira à former une branche horizontale de 80 centimètres de longueur, qui sera greffée sur le deuxième arbre, lorsqu'il l'aura atteint. Quand le bourgeon supérieur diagonal sera arrivé à la seconde ligne horizontale, on l'arquera sur cette ligne et on dirigera son extrémité vers le deuxième arbre. Arrivé là, on le greffera dessus; puis, l'œil qui se trouve sur la partie oblique à l'arcure se développant, fera la continuation de l'oblique, et, arrivé à la troisième ligne horizontale, il sera arqué de nouveau sur cette dernière ligne et on dirigera son extrémité vers le deuxième arbre; arrivé là, on le greffera dessus, puis, l'œil qui se trouve sur la partie oblique à l'arcure se développant, fera la continuation de l'oblique; et, arrivé à la troisième ligne horizontale, il sera arqué de nouveau sur cette dernière ligne, et on dirigera son extrémité de rechef vers le deuxième arbre. Arrivé là, il y sera greffé; on suivra ainsi jusqu'à la dernière ligne. On opérera de la même manière pour les arbres suivants.

Pour commencer cette forme, on devra planter un arbre à 1 mètre en avant des autres (il est entendu que les arbres étant obliqués à droite, *en avant* signifie à côté et à gauche du premier arbre), et on le dirigera horizontalement vers le premier arbre; puis, après, perpendiculairement, pour, de là, prendre sur sa tige le commencement de cette forme; quant à la fin, le dernier arbre la terminera, surtout en prenant une espèce vigoureuse.

Fini, le tout est d'un bel et bon effet; chaque arbre, au lieu de n'avoir que quatre mètres de charpente, comme dans les obliques ordinaires, se trouve en avoir le double, et la sève est répartie dans toute la charpente, par les moyens de l'arcure et de la greffe.

PÊCHERS FORMANT NOM.

MANIÈRE DE LES TRACER.

Les lettres doivent être unies, sans pied ni tête, et tous les pleins de même force.

Exemple :

NAPOLÉON

(*Voir, pour ce nom, l'article à la page* 36.)

Pour bien arriver, et promptement, avec vigueur, on doit, selon la longueur du nom, planter trois, cinq ou sept arbres, toujours de même espèce (c'est la grosse-mignonne qui convient le mieux), et planter à distance égale. Si l'on veut aller très-vite, on plantera un arbre sous chaque lettre, et un à chaque extrémité, pour former l'encadrement. Avec une belle végétation, et sans accidents, en trois ans, un nom doit être fait.

MANIÈRE DE PROCÉDER AU TRACEMENT.

On tracera d'abord 4 lignes horizontales. La première, à 50 centimètres du sol, la deuxième à 60 centimètres de la première, la troisième à 1 mètre de la deuxième, et la quatrième à 60 centimètres de la troisième. Il restera sous le chaperon une distance de 30 centimètres. Ceci fait on tirera une ligne aplomb où sera planté l'arbre du milieu. Des lettres auront 1 mètre de hauteur et 80 centimètres de largeur espacées de 40 centimètres entr'elles, sauf les lettres A, M, V, I, R, qui sont inégales de largeur, la distance de ces lettres entr'elles sera donc subordonnée à leur forme, maintenant ce sera une affaire de goût pour bien les espacer. On ne peut donc déterminer la longueur de cet espalier sans connaître le nom. Pour que le tout soit d'un bon effet, il faut d'abord un mur de 3 mètres ; qu'il y ait entre le sol et la branche inférieure 50 centimètres, entre cette branche et le nom, un champ de 60 centimètres ; également au dessus du nom, un autre champ de 60 centimètres ; entre la première lettre et la dernière du nom, de chaque côté, un champ également de 60 centimètres. Les angles de l'encadrement devront être arrondis. Si on opère ainsi on aura un beau tableau.

Maintenant, une fois que tous les arbres seront greffés l'un à l'autre, et que la branche horizontale sera parvenue à la ligne aplomb, où doit être établi l'encadrement, on la relèvera pour former ledit encadrement, et lorsqu'elle aura monté à 30 centimètres environ sur cette ligne, on pourra commencer à prendre les lettres. A cet effet, au-dessous de chaque lettre, on fera développer par tous les moyens connus, soit un bon œil, soit une coursonne bien constitués, que l'on dirigera vers ces lettres; une fois qu'elles seront commencées, on dénudera la partie de la branche comprise entre la branche horizontale et les lettres, de ses faux bourgeons anticipés, sur une longueur de 60 centimètres ; on éborgnera les yeux et on supprimera les quelques coursonnes qui pourraient s'y trouver; puis on blanchira avec une eau de chaux cette partie, afin de la dissimuler à l'œil.

Lorsque les lettres seront terminées, et que les extrémités des bourgeons qui les auront formées seront arrivées à la ligne d'encadrement supérieur, on les dirigera toutes vers le centre en les greffant l'une sur l'autre : ce qui viendra parfaire l'encadrement ; alors on les dénudera comme ci-dessus, et on blanchira également,

Tout sera fait alors.

Tels que : Croix d'honneur, Cartouche, Prince impérial, Chiffres, etc., etc.

Pour tracer ces sortes d'espaliers une fois dessinés sur papier, à l'échelle de 5 centimètres pour mètre, on tracera sur ce dessin des lignes peu apparentes, horizontales et perpendiculaires, à 12 et demi millimètres l'une de l'autre, parfaitement droites et régulières d'écartement ; ce réseau formera des carrés qui correspondront sur le mur à 25 centimètres ; ils seront numérotés sur chaque face ; de la sorte, on mettra *au milieu* de chaque face un 0 ; puis, chaque ligne à droite et à gauche, en haut et en bas, sera numérotée en partant de 0. Maintenant à chaque trait du dessin qui passera sur ces lignes, on plantera un petit clou sur les lignes tracées sur le mur qui correspondent à celles du dessin, comme l'opération que l'on fait pour mettre au point. Cette opération une fois terminée, avec un crayon de menuisier, on copiera le dessin fait sur le papier, en passant par chaque clou ; puis, pour finir, on prendra une petite rainette que l'on passera sur chaque trait du dessin.

Lorsqu'on tracera sur le mur le réseau, il faudra le marquer très-peu, afin de pouvoir l'effacer facilement. Quant à l'arcure pour former et diriger les poiriers, pommiers et les autres espèces d'arbres fruitiers, ce système donne de très-bons résultats en toutes formes ; mais je préfère la palmette double ; par ce moyen, on peut obtenir, par année, jusqu'à trois branches sur chaque bras. On aurait également en palmette simple le même résultat, mais en utilisant les yeux tels qu'ils se trouvent placés sur la tige, les branches alors ne seraient plus parfaitement parallèles.

Par le pincement, on arriverait plus parallèlement,

3

mais on ne pourrait obtenir trois étages dans l'année, la végétation se trouvant par cette opération sensiblement arrêtée et par conséquent moins vigoureuse.

TRANSMISSION DE LA SÈVE PAR LE POUSSE-SÈVE

C'est en 1843 que j'ai eu l'idée de mettre en pratique l'utile procédé de la transmission de la sève ; en maintes et maintes circonstances, je suis parvenu à refaire une branche, un membre, un arbre même qui périssait, et à rendre aux sujets en souffrance leur première vigueur.

Dans d'autres cas, il arrive souvent que des arbres s'épaulent, qu'un membre prend trop de développement, aux dépens de l'autre, lequel devient par contre trop faible.

Je plante alors un jeune sujet, que j'ai nommé Pousse-sève, au-dessous du membre souffrant ou faible, et par une greffe en approche fait en temps, je parviens à rétablir promptement l'équilibre dans un arbre qui périrait ou deviendrait défectueux.

Ce procédé est aujourd'hui en usage partout, et réussit toujours avec succès.

SEVRAGE DES FEUILLES.

Procédé pour ralentir la sève dans les bourgeons trop vigoureux, et la répartir plus rationnellement par toute la charpente, sans en déranger la symétrie.

Ce moyen est des plus simples et infaillible. Tel ou tel bourgeon de prolongement devant former charpente, présentant plus de développement que son voisin ou celui en parallèle, il suffit de couper avec l'ongle 2, 3, 4, 5 feuilles, aux 2/3, à plusieurs reprises et à quelques jours d'intervalle, selon que ce bourgeon est plus ou moins vigoureux, sans cependant toucher aux 3 ou 4 de la base ni à celles qui la terminent. Cette opération faite, à quelques semaines de là, un ralentissement considérable s'opère dans le développement de la sève, et par contre le bourgeon faible reprend son équilibre. Ce moyen m'a toujours parfaitement réussi.

PAPIER HORTICOLE DE F. SIMON, A CRÉCY-EN-BRIE.

Rapport du *Journal de Seine-et-Marne*, de Meaux, du 19 mars 1864.

« Ce papier a parfaitement réussi à l'inventeur dans toutes ses opérations, greffes de toutes sortes et plaies de toutes natures, sur les arbres et arbustes, soit fruitier, d'agrément ou forestier. Il est d'autant plus efficace, qu'il ne met aucun obstacle ni au rapprochement du liber, ni même à son développement. La raison en est qu'il peut céder aux deux effets, soit qu'il revienne sur lui-même, soit qu'il se fende. »

On peut se procurer ce papier tout préparé au prix de 60 centimes le rouleau d'un mètre de long, contenu dans un étui de carton, chez M. Laurencel, pharmacien, rue des Lombards, n° 44, à Paris.

EMPLOI DU PAPIER HORTICOLE.

Son emploi pour la greffe réussit au mieux ; à cet effet, avant de faire la ligature, on en appliquera dessus un morceau, et l'opération devient infaillible.

Pour les plaies de toutes natures, soit contusions, craquements, chancres causés par les insectes ou la gomme, etc., après avoir nettoyé et avivé la plaie au vif avec la serpette, on l'appliquera dessus, puis avec une lisière on ligaturera. Je n'ai jamais manqué aucune de mes opérations.

LE *NAPOLÉON* DE L'EXPOSITION DE 1855.

Ce magnifique arbre, de l'aveu de tous nos grands professeurs et connaisseurs, fut conçu et combiné par moi en juin 1853, avec l'idée de le voir figurer à l'Exposition de 1855, idée qui s'est réalisée avec plein succès ; j'en fis un dessin que je portai à mon ami, M. Alexis Lepère, lui en faisant hommage, à la condition toutefois que nous l'exécuterions dans *ses cultures* de Montreuil ; mais nous n'avons pu commencer que le 1er mai 1854, époque où je l'ai tracé, n'ayant pu trouver avant ce jour un arbre qui pût se prêter à cette métamorphose.

Cet arbre fut terminé le 31 juillet 1855, en quinze mois, pour prendre part à l'Exposition universelle (c'est-à-dire une photographie) ; il y fit sensation ; aussi en est-il sorti glorieux, M. Lepère ayant été décoré. Cet arbre, dont le pareil n'avait pas encore été vu, fut fait avec un pêcher, dit candélabre, ayant douze ans, en indiquant à M. Lepère toutes mes combinaisons.

Certes, je ne pouvais trouver un plus beau théâtre que celui de Montreuil et un praticien plus émérite que M. Lepère.

Ce qui surtout a surpris toutes les personnes qui avaient l'habitude de visiter les cultures de Montreuil, c'est que le 31 juillet 1855, au matin, l'on voyait *là*, encore, un candélabre ; le tout ayant été ménagé avec mystère durant quinze mois ; mais le soir du même jour, après douze heures de travail à nous trois : M. Lepère, moi et Georges, son premier garçon, aujourd'hui professeur de la Gironde, à Bordeaux, le *Napoléon* trônait à la place dudit candélabre ; et quelques jours après, une fois le palissage terminé, la métamorphose était des plus complètes.

Il est encore une forme que je dois recommander, bien

qu'elle ne soit pas de moi ni de mon système c'est celle en U, sur un seul sujet ayant deux branches verticales, elle est de M. Baudinat (jardinier de Mme Dassy, à Meaux) praticien de grand mérite, qui nous l'a communiquée il y a quelques années ; elle fait *très-bien.*

MANIÈRE DE TRACER CETTE FORME POUR PÊCHER.

Les arbres doivent être plantés à 1 mètre les uns des autres, puis on tracera une ligne horizontale à 0. 50 c. du sol, ensuite on tracera des lignes aplomb de 0. 50 c. en 50 c., alors on prendra un compas dont on placera une pointe sur la ligne horizontale entre la première et la deuxième ligne verticale, juste au milieu, et on tracera un 1/2 cercle dont la base alors se trouvera à 0. 25 c. du sol, c'est à cet endroit que doit être planté l'arbre pour de là, diriger les deux branches qui viendront former l'U, et ainsi de suite pour les autres arbres, selon la quantité qu'on plantera. Mais bien que cette forme paraisse facile à faire, pour bien réussir, il faut avoir suivi ou suivre les cours expérimentés de notre éminent professeur, M. A. Lepère, pour savoir (surtout en cette forme) maîtriser la sève qui, en raison des branches entièrement verticales, s'échappe avec fougue de sa base vers les extrémités. Cette forme peut aller également pour poirier et pommier, mais elle est préférable pour le pêcher.

J'engage tous les praticiens, connaisseurs et amateurs qui liront ma brochure et qui ne connaissent pas les belles cultures de M. A. Lepère, à Montreuil, à les visiter, elles sont les seules au monde en ce genre. Tous les Mercredis et Dimanches, de 10 heures du matin à 4 heures du soir, M. Lepère se trouve là, ces jours étant ceux réservés pour ses cours.

TABLE DES MATIÈRES.